大连古建筑测绘十书

响水观

邵　明　王　艺　王　丹　著

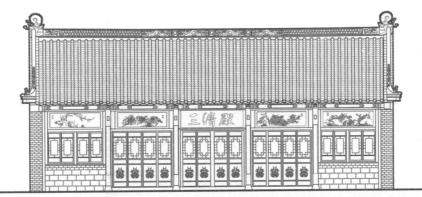

中国建筑既是延续了两千余年的一种工程技术，本身已造成一个艺术系统，许多建筑物便是我们文化的表现、艺术的大宗遗产。

—— 梁思成

江苏凤凰科学技术出版社

图书在版编目（CIP）数据

大连古建筑测绘十书. 响水观 / 邵明，王艺，王丹
著. -- 南京：江苏凤凰科学技术出版社，2016.5
ISBN 978-7-5537-5709-4

Ⅰ. ①大… Ⅱ. ①邵… ②王… ③王… Ⅲ. ①道教－
寺庙－古建筑－建筑测量－大连市－图集 Ⅳ.
①TU198-64

中国版本图书馆CIP数据核字(2016)第278939号

大连古建筑测绘十书

响水观

著　　　者	邵 明	王 艺	王 丹		
项 目 策 划	凤凰空间/郑亚男	张 群			
责 任 编 辑	刘屹立				
特 约 编 辑	张 群	李皓男	周 舟	丁 兴	

出 版 发 行	凤凰出版传媒股份有限公司
	江苏凤凰科学技术出版社
出版社地址	南京市湖南路1号A楼，邮编：210009
出版社网址	http://www.pspress.cn
总 经 销	天津凤凰空间文化传媒有限公司
总经销网址	http://www.ifengspace.cn
经 　销	全国新华书店
印 　刷	北京盛通印刷股份有限公司

开 　　本	965 mm×1270 mm 1 / 16
印 　张	5.75
字 　数	46 000
版 　次	2016年5月第1版
印 　次	2023年3月第2次印刷

标 准 书 号	ISBN 978-7-5537-5709-4
定 　价	98.80元

图书如有印装质量问题，可随时向销售部调换（电话：022-87893668）。

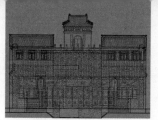

图书总序

我在大连理工大学建筑与艺术学院兼职数年，看到建筑系一群年轻教师在胡文荟教授的带领下，对中国传统建筑文化研究热情高涨，奋力前行，很是令人感动。去年，我欣喜地看到了他们研究团队对辽南古建筑研究的成果，深感欣慰的同时，觉得很有必要向大家介绍一下他们的工作并谈一下我的看法。

这套丛书通过对辽南 10 余处古建筑的测绘、分析与解读，从一个侧面传达了我国不同地域传统建筑文化的传承与演进的独有的特色，以及我国传统文化在建筑中的体现与价值。

中国古代建筑具有悠久的历史传统和光辉的成就，无论是在庙宇、宫室、民居建筑及园林，还是在建筑空间、艺术处理与材料结构的等方面，都对人类有着卓越的创造与贡献，形成了有别于西方建筑的特殊风貌，在人类建筑史上占有重要的地位。

自近代以来，中国文化开始了艰难的转变过程。从传统社会向现代社会的转变，也是首先从文化的转变开始的。如果说中国传统文化的历史脉络和演变轨迹较为清晰的话，那么，近代以来的转变就似乎显得非常复杂。在近代以前，中国和西方的城市及建筑无疑遵循着不同的发展道路，不仅形成了各自的文化制式，而且也形成了各自的城市和建筑风格。

近代以来，随着西方列强的侵入以及建筑文化的深入影响，开始对中国产生日益强大的影响。长期以来，认为西方城市建筑是正统历史传统，东方建筑是非正统历史传统这一"西方中心说"的观点存在于世界建筑史研究领域中。在弗莱彻尔的《比较建筑史》上印有一幅插图——"建筑之树"，罗马、希腊、罗蔓式是树的中心主干，欧美一些国家哥特式建筑、文艺复兴建筑和近代建筑是上端的 6 根主分枝。而摆在下面一些纤弱的幼枝是印度、墨西哥、埃及、亚述及中国等，极为形象地表达了作者的建筑"西方中心说"思想。今天，建筑文化的特质与地域性越发引起人们的重视。中国的城市与建筑无论古代还是近代与当代，都被认为是在特定的环境空间中产生的文化现象，其复杂性、丰富性以及特殊意义和价值已经令所有研究者无法回避了。

在理论层面上开拓一条中国建筑的发展之路就是对中国传统建筑文化的研究。

建筑文化应该是批判与实践并重的，因为它不局限于解释各种建筑文化现象，而是要为建筑文化的发展提供价值导向。要提供价值选向，先要做出正确的价值评判，所以必须树立一种正确的价值观。这套丛书也是在此方面做出了相当的努力。当然得承认，传统文化可能是也一柄多刃剑。一方面，传统文化也可能成为一副沉重的十字架，限制我们的创造潜能；而另一面，任何传统文化都受历史的局限，都可能是糟粕与精华并存，即便是精华，也往往离不开具体的时空条件。与此同时又可以成为智慧的源泉，一座丰富的宝库，它扩大我们的思维，激发我们的想象。

中国传统文化博大精深，建筑文化更是同样。这套书的核心在如下三个方面论述：具体层面的，传统建筑中古典美的斗拱、屋顶、柱廊的造型特征，书画、诗文与工艺结合的装修形式，以及装饰纹样、各式门窗菱格，等等。宏观层面的，"天人合一"的自然观和注重环境效应的"风水相地"思想，阴阳对立、有无互动的哲学思维和"身、心、气"合一的养生观，等等。这期中蕴含着丰富的内涵、深邃的哲理和智慧。中观层面的，庭院式布局的空间韵律，自然与建筑互补的场所感，诗情画意、充满人文精神的造园艺术，形、数、画、方位的表象

与隐喻的象征手法。当然不论是哪个层面的研究，传统对现代的价值还需要我们在新建筑的创作中去发掘，去感知。

2007年以来，这套丛书的作者们先后对位于大连市的城山山城、巍霸山城、卑沙山城附近范围的10余处古建进行了建筑测绘和研究工作，而后汇集成书。这套大连古建筑丛书主要以照片、测绘图纸、建筑画和文字为主，并辅以视频光盘，首批先介绍大连地区的10余处古建，让大家在为数不多的辽南古建筑中感受到不同的特色与韵味。

希望他们的工作能给中国的古建筑研究添砖加瓦，对中国传统建筑文化的发展有所裨益。

2012.12

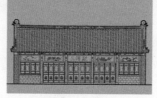

前　言

　　道法自然。

　　大黑山西北麓的响水观是大连地区著名的道教庙宇，依山而建，青砖灰瓦，雕梁画栋，富丽堂皇。

　　《道德经》有云："道大，天大，地大，人亦大。域中有四大，而人居其一焉。人法地，地法天，天法道，道法自然。"

　　天行有常，不为尧存，不为桀亡。忘情于天涯，寓意于山水。缘来则去，缘聚则散，缘起则生，缘落则灭。

　　道法自然是一种高瞻远瞩、胸怀全局、视通今古的更高层次的思维方式与处世态度。人生天地间，不过是俯仰之间。仰观宇宙之大，生何能及；俯察品类之盛，死何所有。

　　一事无成惊逝水，半生有梦化飞烟。似乎我们生来就注定是一个不归的苦行者，永远跋涉在人生的旅途中，只会觉得苦旅茫茫，而不知家何能及。自然不言，但能醒人；天道不语，但能启智。亲近自然，洞彻自然，必然能够获得天道一枝半叶的回赠。

天道无私,行自然之道,要"顺天""济物""和事","平""和"天道。不是丧失了追求和奋斗,而是生命换一种状态与追求和奋斗融合得更加紧密;不是不在乎成功的荣耀、失败的苦楚,而是抛弃急功近利和短视眼光,在更高的层次领悟成功与失败转化的契机,收获瓜熟蒂落的果实,畅饮水到渠成的甘泉。

　　木欣欣以向荣,泉涓涓而始流。人生自在,不厌不倦,来有山水,去有明月。道法自然,熨帖躁动的生命,抚平焦灼的心动,把身心放归静寂,在静寂中孕育,在默然中积蓄,在冷凝中裂变。

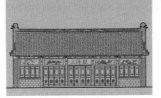

目 录

大连金州地区的建筑

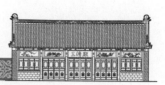

大黑山位于辽宁省南部，大连北部，金州城以东15公里，距大连经济技术开发区11公里，又被称作大和尚山、大赫山、老虎山等，海拔663.1米，面积约110.9平方公里。自明代起，大连地区逐渐繁荣起来，大黑山也兴建了一批重要的建筑，号称辽南第一名胜。古金州八景，大黑山就以"响泉消夏""南阁飞云""山城夕照""朝阳雾雪"占了其四。现今山上依旧留存大量文物古迹与古建筑，响水观（图1、图2）、唐王殿、观音阁（胜水寺）、朝阳寺、石鼓寺、大黑山山城（卑沙城）、关门寨等古刹以及古战场遗迹分布山中。

大连地区的文化经过了千余年的缓慢发展，到了明清两代进入快速、稳定的发展期。这一时期从14世纪中叶到19世纪末叶，历经550余年。随着明朝军事与文化的不断输入，大连地区的建筑也逐渐繁荣起来，建筑风格不仅多采用中原模式，由于明朝海路的发达，信仰海神的南部文化也随之而来。这就是在大连地区会经常看到闽南风格建筑形式的原因。

这一时期，出现了一批具有代表性的建筑，重修了金州城和复州城。在文化上，除了儒学的兴起，佛教与道教也盛行了起来。观音阁、响水观等建筑就是这一时期的杰作。

明清时期，大连地区的文化发展具有综合性、整体性，建筑文化与军事、文学等发展相辅相成。明清两代的官员、文人学士留下了大量描写辽东地区的诗文。如明嘉靖年间监察御史温景葵所做的《金州观海》，就描写了金州当时秀美自然的景观：

> 青山碧水傍城隈，驿使登临望眼开。
> 柳拂鹅黄风习习，江流鸭绿气暧暧。
> 浮槎仿佛随人去，飞鹜分明自岛来。
> 极目南天纷瑞霭，乡人指点是蓬莱。

图1 响水观历史照片

图 2 响水观山门老照片

辽南的道教建筑

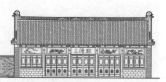

道教是我国土生土长的宗教，影响力仅次于佛教，是我国第二大宗教。道家所倡导的阴阳五行、炼丹修仙等思想对我国古代文化产生了重要的影响。老子《道德经》中的哲学思想对于我国的建筑营造至今仍有影响。如"三十辐，共一毂，当其无，有车之用。埏埴以为器，当其无，有器之用。凿户牖以为室，当其无，有室之用。故有之以为利，无之以为用"。这些思想对理解空间有着重要的指导意义。

但就道教建筑而言，一般认为其在建筑层面上没有形成独立的风格。大体上，道观建筑仍遵循着我国传统宫殿、坛庙形制。建筑以殿堂、楼阁为主，依中轴线作对称式布置。与佛寺相比规模偏小，且不建塔、经幢和钟鼓楼等。但若从"道法自然"（图3）的思想来看，道观的选址多在崇山峻岭之中，多亲近自然。山野之中的佛寺虽然也不少，但寺庙相对而言更加贴近世俗生活。这或许可以算作是中国道教建筑自己的建筑风格。只不过，这种建筑风格以及深层的哲学思想并不是通过建筑本身体现的，而是靠建筑的选址以及由此产生的空间布局来体现的。道观虽在建筑层面上与宫殿和坛庙相似，但在选址上却有着根本性的区别。选址的不同也同时表现出道教和佛教在宗教理念上的差异性。佛教讲普度众生，因此中国佛教建筑既有着宗教的神秘感，又有着亲近俗世的一面，反映在建筑的选址上，是一种远离与亲近平衡的结果。而道教不特别强调济世的一面，所以，道观的选址要更加贴近自然些，有一种大道居深的神秘感（图4）。

图3 响水观入口广场"道法自然"石

图 4 响水观后土殿西南角

相传建于唐的响水观

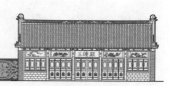

"金州城外百果美，瑶琴洞内三里深；尚记唐皇曾驻跸，犹留遗殿耐人寻。"

作这首诗的，是清末维新运动领袖康有为，他于1925年秋来大黑山游历时写下了这首诗（图5）。诗中所赞的这处美景，是辽南一处著名的道观——响水观。响水观，位于辽宁省大连市金州区中长街道和平村响水寺屯南200米，大黑山西北麓，距金州城东5公里提有"天洞水乡"牌坊（图6）矗立在响水观旁。响水观是以道教为主的观宇。同辽南地区诸多庙宇一样，由于社会历史原因，佛教、儒家的思想文化与道家思想在此融汇，使其成为一座综合性宗教场所，故又称响水寺。现建筑占地面积约为5525平方米，正殿南侧有一座长约50米的山洞，洞内山泉终年不绝，响水观因此得名。响水观清代时曾是金州古八景之"响泉消夏"的所在，近年来屡有增修，是大黑山古建筑中最负盛名的庙宇。

传说响水观始建于唐代，据观内碑文所载，明清两代曾多次修缮，规模最大的一次是清乾隆元年（1736年）重修大殿三楹、客舍五间及山门一座。清宣统元年（1909年）、民国十三年（1924年）也均有修缮。"文革"期间，响水观被拆毁。1982年，金州县人民政府拨款，在原址恢复重建了响水观，才有了响水观今天的规模。1985年，大连市政府将响水观列为市级文物保护单位。2002年1月，响水观被大连市政府列为大连市第一批点保护建筑。

晚清东北著名诗人、书法家魏燮均曾于咸丰元（1851年）初春赴金州任职。魏公素喜游历，所到之多题诗作赋，留下了《金州杂感十二首》，内容涉及州的风土民情，山水古迹。其中一首便是《题响水寺壁》

前山狭且深，古木荫翳长。
隐隐见寺垣，水近声更响。
下马系树荫，徒步奋前注。
当道阻湍濑，踏石水湿裾。
草莽行荒泾，摄衣穿树上。
岩瀑骇人鸣，颇讶风涛荡。
禅扉向山辟，洞口窥殿敞。
中有泠泠泉，饮之清且爽。
山僧引入池，水潴鱼可养。
善哉慈悲心，放生脱罗网。
嗟我堕红尘，有如儿在襁。
惭愧衣未覆，烦恼发欺颡。
安得拜山僧，度我离尘鞅。

清末辽南名士郑有仁游遍金州名胜古迹，又集纳意，选出八处颇具特色的景观，名之"金州八景"，分别以词记之，留传后人。《唐多令·响水消夏》便其中之一。

道院净无烟，潺潺听响泉。这东山，异境天然。

最是游人消夏处，瑶琴外，画桥边。

入耳俗声消，浑忘六月天。倦游时，石鼎茶煎。

除却洗心轩上话，眠一觉，且听蝉。

—— 清末辽南名士郑有仁

《唐多令 ·响泉消夏》词

图 5 康有为 1925 年秋于大黑山游历时题诗

图6 响水观前广场望向牌坊

龙蟾戏水的传说

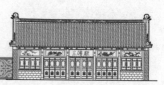

响水观前石壁上有一奇景，名曰"龙蟾戏水"（图7），可以看见一条蟠龙口中喷吐清泉，其下一只碧蟾蹲伏水面，造型憨态可掬，蟠龙吐出的水落入碧蟾口中，叮咚作响，响水观"响水"之名，由此得来。

这龙蟾出自远近闻名的能工巧匠裘吉庭之手。裘石匠祖籍山东淄博张店裘家庄，十二岁拜师学艺，师傅名叫李连璧。李师傅身怀绝技，享有"山东无二璧"的美誉，裘石匠心灵手巧，虚心好学，是李连璧八个徒弟中的佼佼者，不仅精于雕术且长于书法，年轻时就蜚声淄博。传说他雕的龙就像活的一样，很有灵气，人们都称他"神工裘石匠"。

裘石匠二十八岁那年，山东遭蝗灾，他逃荒来到金州，正赶上大黑山响水观重修，招募能工巧匠为寺院增修景物。但见这里峰峦叠翠，流水潺潺，激起了他对祖国大好河山的无限热爱之情。他见瑶琴洞水是从一把大水壶的雕塑中流下去的，与周围风景不协调，于是在仔细观察、选好地势后，精心地雕塑了一条蟠龙。龙躯盘附在石壁上，利爪抓石，势如天降，活灵活现。龙尚未塑成，乡亲们便赶来观看，个个赞不绝口。接着，裘石匠把瑶琴洞水引入龙腹，再从龙口喷出，正好吐入蹲在下方的蛤蟆嘴里，每当旭日东升，蟠龙时隐时现，龙口喷泻的水柱罩上一层薄雾，状如五彩长虹，蟠龙如同在天空中腾飞。

传说日伪时期，有个日本警察听说响水观的龙眼是两块宝物，就偷偷潜入响水观盗宝。突然龙口呜呜响起来，喷出的水柱足有几米远。日本警察做贼心虚，手一松便掉进了深沟里。从此，响水观蟠龙威名大振，以后几十年金州一带风调雨顺，人们都说这是裘石匠塑的神龙避住了妖邪，送来了丰年。

图 7 响水观入口广场龙蟾戏水雕塑

虎溪桥与入口广场

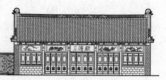

　　沿着蜿蜒曲折的山路，或驾车，或步行，几经回转，向南望去，隐约能感觉到前方有一片空旷之处，却仍不见鼎鼎大名的响水寺。这是辽南山地古建筑的普遍特征，规模或大或小，朝向或东或西，均将建筑主体隐藏在山石茂林之中（图8）。这时常让人觉得有些好奇，不知道那些能容纳众多香客的偌大庭院，怎么就能变戏法儿似的隐藏于山林之间。

　　响水观，顾名思义，尚未看见庙宇，已能感受到一泓清泉喷涌而出，心境也立刻被淙淙泉水细细涤荡，由尘世烦嚣的不安回归到原有的清宁。天人合一不是文人骚客笔下的闲谈，而是此处人与自然的真切交融。

　　经过入口广场，便走上一座缓坡石拱桥，名曰"虎溪桥"。站在桥上，左边是一片由泉水汇集而成的湖面，碧波荡漾，澄澈如镜，水木明瑟。向前亦有一池，池中有曲桥、四角攒尖亭、锦鲤戏游等景致。

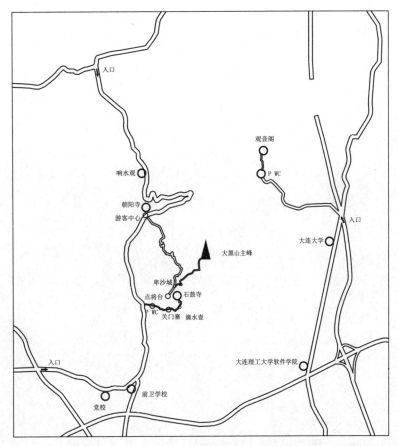

图 8 大黑山旅游路线图

　　风雨不言，沧桑古朴，无论世间如何风云变幻，总是向众生敞开，无论造访者是悲是喜，是乐是怒。响水观景观环境怡人，廊桥迂回，树木葱郁，湖心一处凉亭，正适合游人驻足，观湖中鱼戏成趣。站在桥上，已经可以看到响水观后院三清殿（图9）的西山墙，而正殿等大部分建筑隐藏在高处，神秘感依旧。

图 9 从响水观入口广场眺望三清殿

重檐歇山顶的山门

耳听清越的水声，越过虎溪桥，一座印着时间痕迹的青砖山门赫然映入眼帘（图10～图12）。响水观的山门为重檐歇山顶式，上覆灰色筒瓦，青砖砌成（图13～图15）。山门上面一层为三个装饰性小门洞，做有红漆小门，飞檐翘脊，古色古香（图16、图17）。下面为一拱形门洞，中间为两扇暗红色大木门，左侧门扉题有"洞天"（图18），右侧门扉题有"福地"。门楣上刻有绿底红字"响水观"三个遒劲有力的大字（图19），乃清末响水观住持张永祥道长所题；山门背匾刻有白底黑字行书"滋生万物"（图20），左右两侧有一幅砖刻白底黑字楹联，上联"德配皇天亘古今"，下联"功成炼石于今烈"。安装在门槛内外两侧及稳固门扉转轴的一个功能构件，叫门枕石（图21）。响水观山门的门枕石嵌于墙内，依稀可见上半部分刻着一个"祥"字，下半部分雕有一朵菊花。

古朴厚重的山门配以赭红色墙垣，再加上门外一道七级垂带式石阶，使庙宇显得巍峨庄严。响水观山门相对于观内其他建筑在造型上显得格外高大雄伟，这是典型的关外寺庙的建筑特征（图22）。

图10 从响水观山门前广场眺望山门

图 11 响水观山门西立面测绘图

0 0.5 1 1.5 2 2.5 米

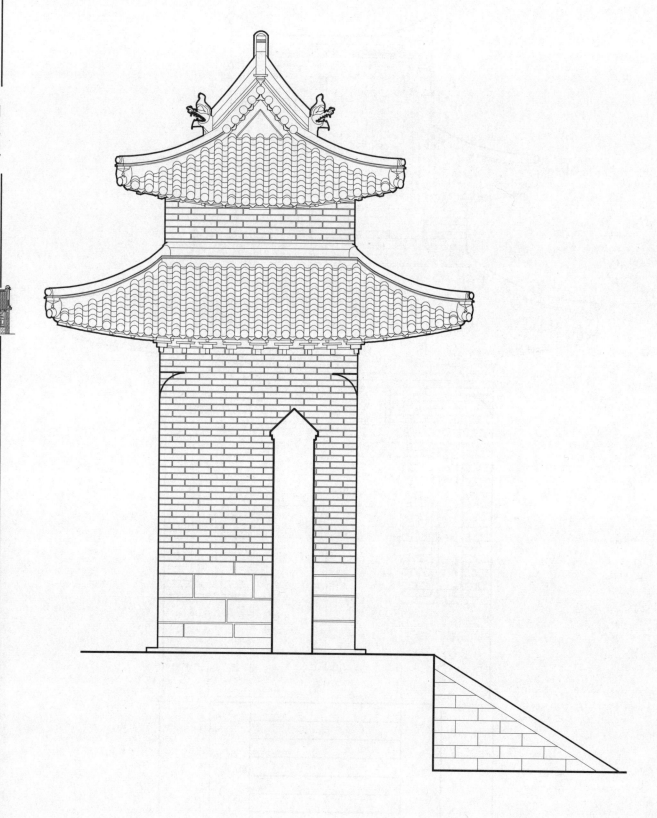

0   0.5   1   1.5   2   2.5 米

图 12 响水观山门北立面测绘图

图 13 响水观山门青砖重檐歇山顶细部

图 14 响水观山门瓦当滴水测绘图

图 15 响水观山门正脊测绘图

图 16 响水观山门东立面

图 18 响水观山门左侧门扉"洞天"

图 19 响水观山门题字

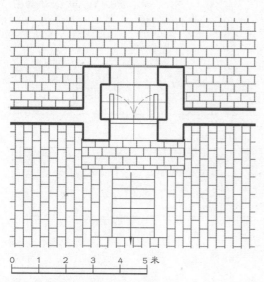

0 1 2 3 4 5 米

图 17 响水观山门平面测绘图

图 20 响水观山门背匾题字　　　　　　图 21 响水观山门门枕石

图 22 从响水观三清殿前广场看向法物流通

拾级而上，就进入了响水观（图23）。山门和法物流通建筑呈 L 形半围合形式，形成了别有情景的入口空间。这个空间节点也是外部空旷大空间到池塘庭院入口空间后的一个结束，是外部入口空间三个层次的最后一个层次，也是主建筑群体空间的开始。如此丰富的外部空间层次，使游人未曾进入建筑，便已感受到传统山地丰富的空间层次。空间通过山林、溪水、桥、池塘、青石台阶以及曲折的路径，依次展开，为最后的主体建筑的出现做足了空间场景上的铺垫。步入山门（图24～图26），驻足观看，即可见响水观分南、北两院，南院为后土殿，北院为三清殿。

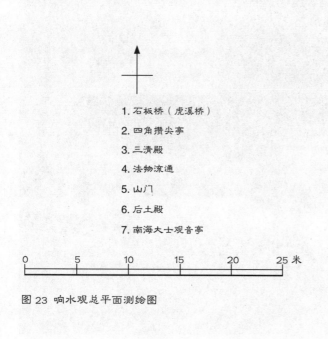

水面

1. 石板桥（虎溪桥）
2. 四角攒尖亭
3. 三清殿
4. 法物流通
5. 山门
6. 后土殿
7. 南海大士观音亭

0　　5　　10　　15　　20　　25 米

图 23　响水观总平面测绘图

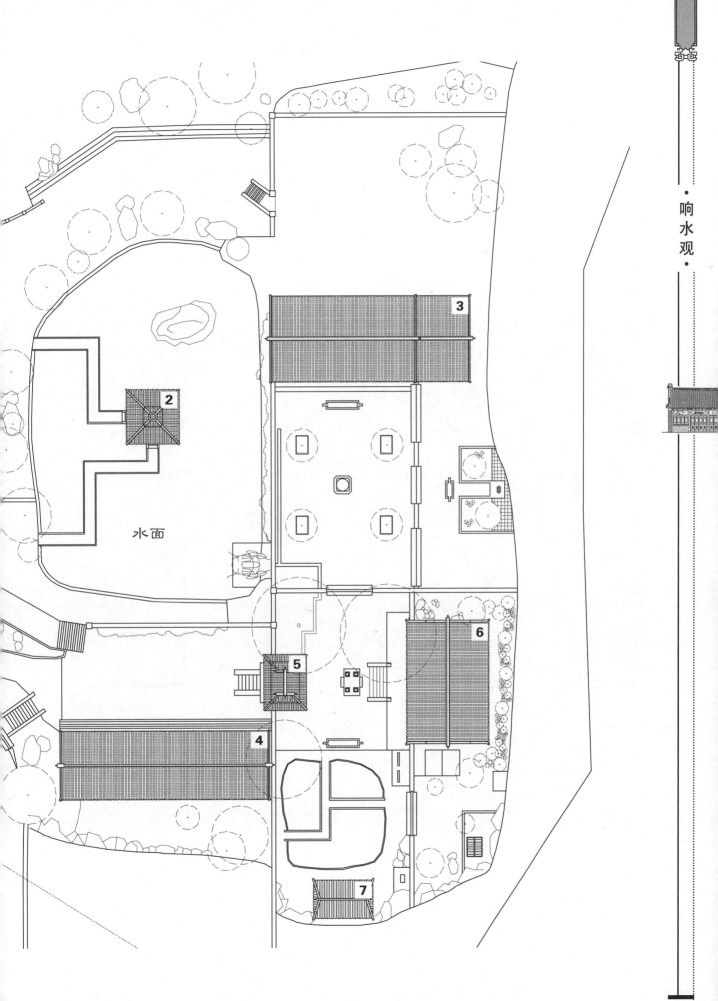

水面

2

3

4

5

6

7

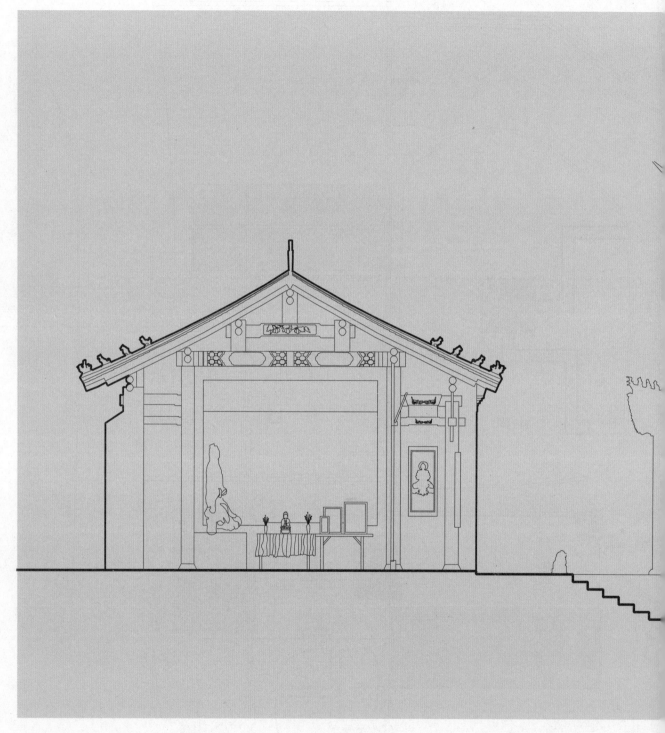

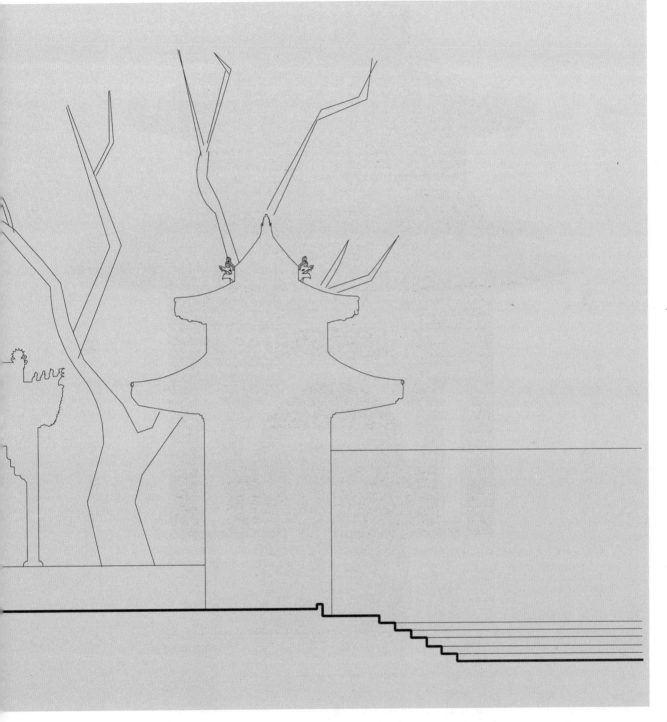

图 24 响水观山门至后土殿剖面测绘图

0 1 2 3 4 5 米

图 25 响水观山门正立面水彩渲染图

图 26 响水观山门侧立面水彩渲染图

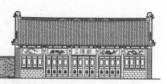

供奉道教尊神的后土殿

后土殿明间正中檐柱上有一副楹联（图27），上联"坤德已通尘外意"，下联"慈云深接洞中天"，乃清代金州海防同知衙门内的吴镜湖所题。匾额为黑底金字篆书"后土殿"，为前代住持道士张永祥所书。

殿内供奉后土皇地祇、女娲娘娘和圆通自在天尊三位尊神。后土皇地祇全称承天效法厚德光大后土皇地祇，是道教尊神，她掌阴阳，滋万物，因此被称为大地之母。

作为响水观主殿的后土殿建造精美，是典型的清代三开间小式硬山建筑（图28～图31）。

图27 响水观后土殿西立面楹联

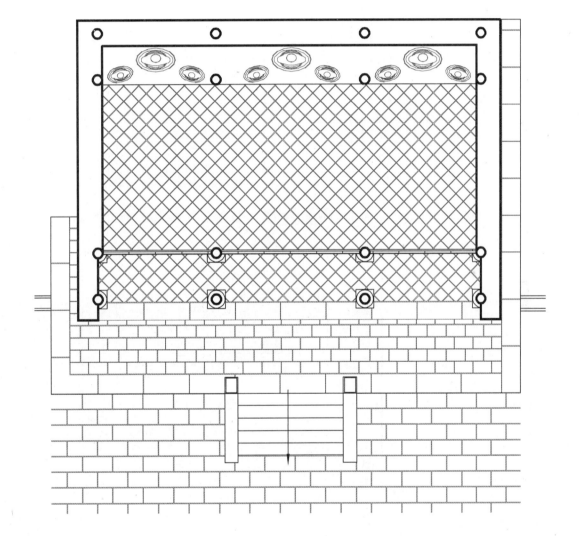

0 1 2 3 4 5 米

图 28 响水观后土殿平面测绘图

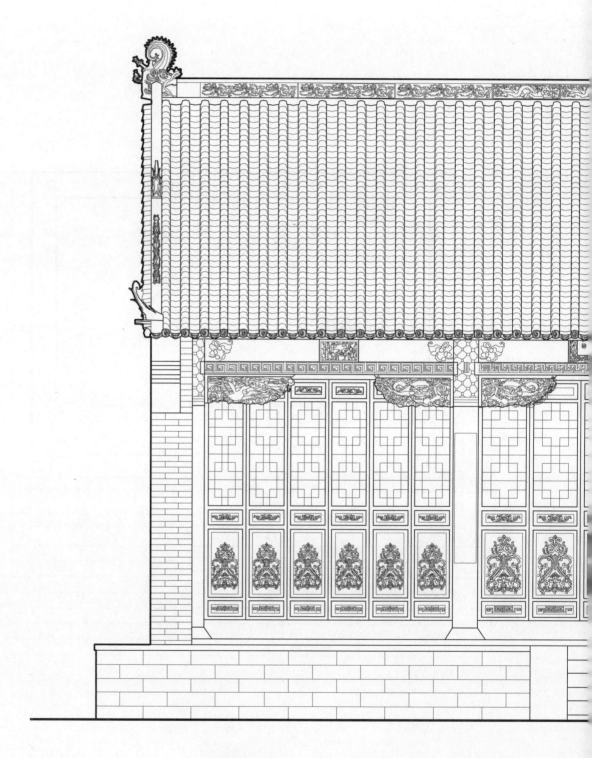

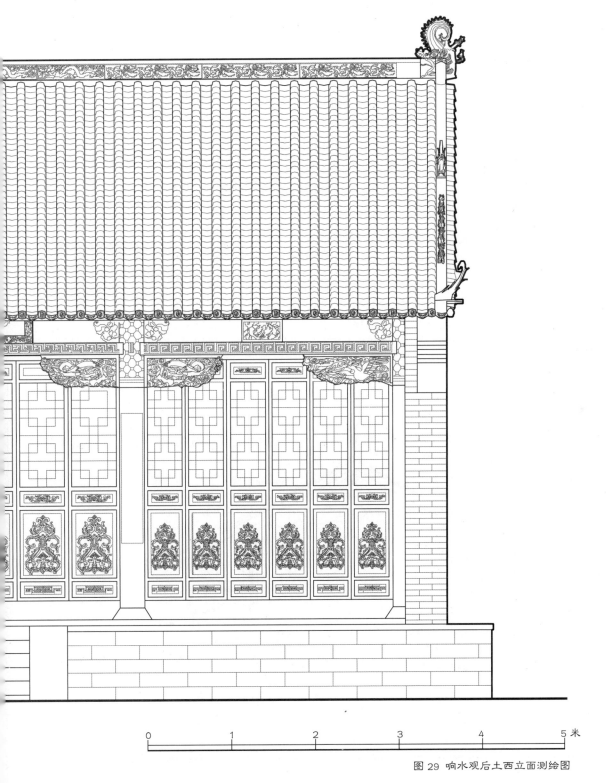

0　　　　1　　　　2　　　　3　　　　4　　　　5 米

图 29　响水观后土西立面测绘图

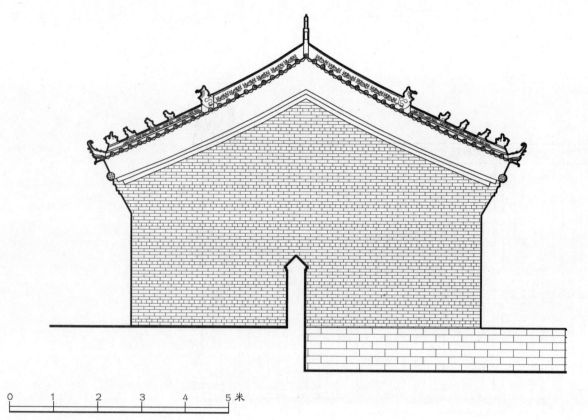

图 30 响水观后土殿背立面测绘图

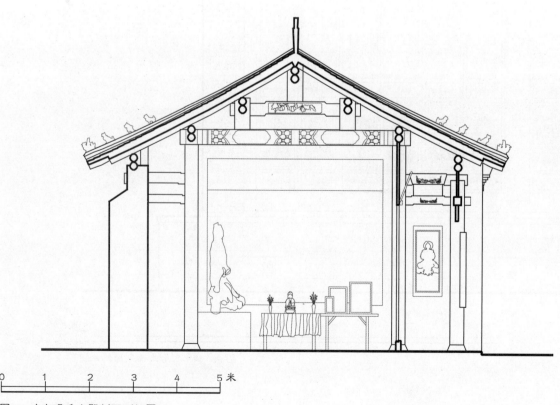

图 31 响水观后土殿剖面测绘图

后土殿右侧有一道月亮门，额题"琴韵泉声"四字（图32）。门后卧有两方巨石，一曰"逍遥矶"，一曰"游仙床"。后土殿院中有古树（图33）数棵，树干粗壮，枝叶繁茂。绿树浓荫掩映下，整个大殿肃穆清幽。

穿过后院月亮门，便进入了主殿南侧山墙处的一个院落，院落很小，只能容数人，内有一山洞口，洞外竖立一石，上书"瑶琴洞"。

图32 响水观后土殿旁"琴韵泉声"月亮门

图33 响水观后土殿前古树

石后有一纵深40余米的天然洞穴（图34），洞内有瑶琴仙女的白石雕像。洞的深处有泉水自石罅间涌出，在洞内泠泠作响。泉水清澈甘冽，沁人心脾。泉水沿着一条石渠（图35），几经转折，穿过后院洗茶池、放生池，绕过后土殿前方，流至山门外，自蟠龙口中飞泻而下，落入下面的碧蟾口中。这石渠宽、深都不过二十几厘米，就在院落的地面上转折蜿蜒，泉水清澈透明，用手掬起些泉水，清凉入心脾，手感润滑而后又有些许涩感，或许是矿物质丰富的缘故吧。总之，响亮的山泉水声配着古朴的建筑，让人感到一种沧桑的灵性。

图34 响水观瑶琴洞入口

图35 响水观折转的石渠

院落山体一侧新建一亭，亭内立有观音像（图36），亭为歇山顶，亭檐厚实，翼角和缓，体态端庄，梁枋雀替彩绘绚丽，造型小巧精致。

图 36 从响水观后土殿前眺望南海大士观音亭

供奉道教三清的三清殿

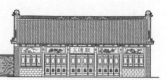

　　顺着石渠泉水，绕过正殿院落（南院）向北，
就到了第二进院落（北院），里面坐落着配殿
三清殿（图 37）。三清殿坐北朝南，与正殿呈
垂直关系（图 38～图 41）。三清殿院落要比
正殿院落宽敞些，殿中奉祀的是玉清原始天尊、
上清灵宝天尊、太清太上老君。

图 37　三清殿

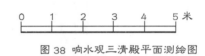

图 38 响水观三清殿平面测绘图

0 1 2 3 4 5 米

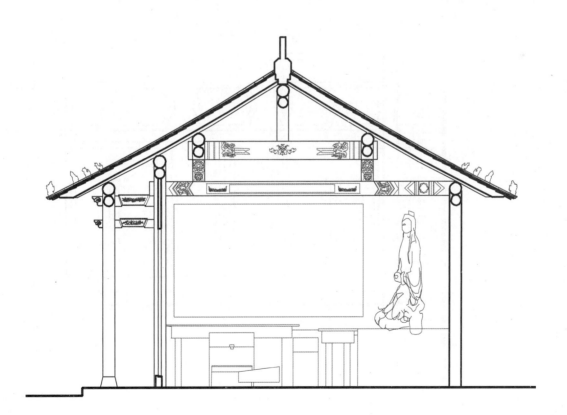

0 1 2 3 4 5 米

图 39 响水观三清殿剖面测绘图

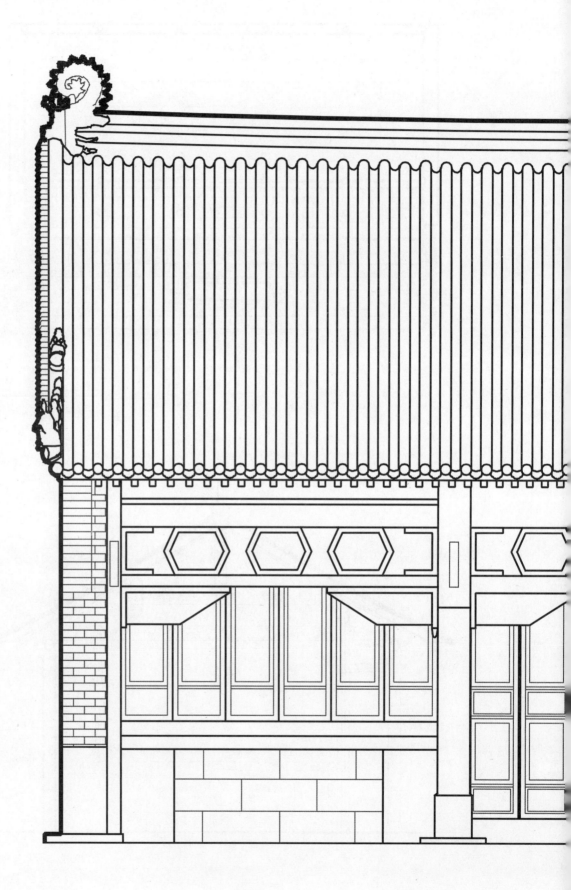

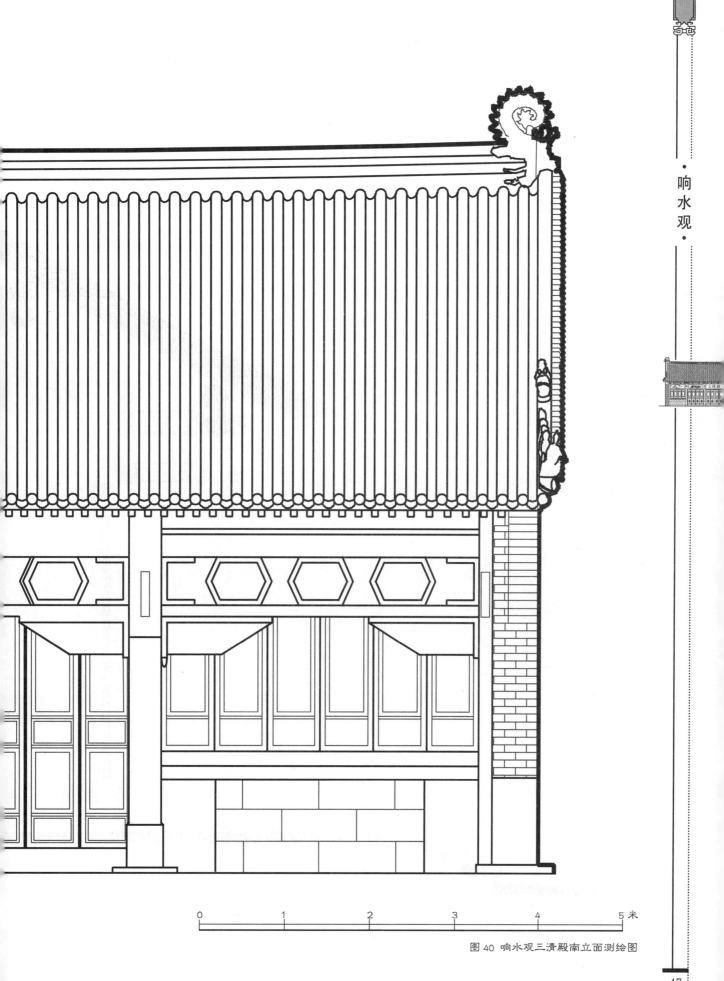

图 40 响水观三清殿南立面测绘图

0   1   2   3   4   5 米

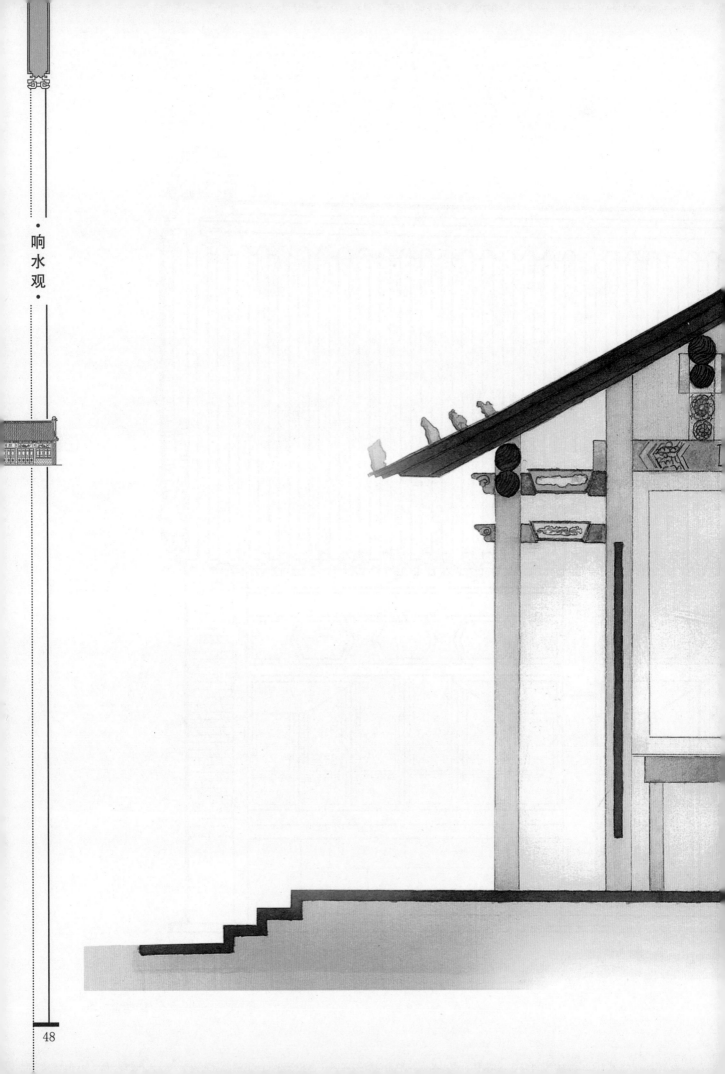

图 41 响水观三清殿剖面水彩渲染图

形态各异的月亮门

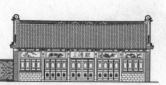

第二进院落面向山体的一侧，左右各有两个月亮角门，青砖砌就，筒瓦滚脊，门檐一端的圆砖上刻有"卍"字纹，造型简单，又不失细节。圆拱门两侧各有一什锦窗，有海棠形、银锭形，还有六边形，形态各异。月亮门两侧的矮墙亦用砖瓦石条做成不同的镂空图案，有板瓦鱼鳞形，砖砌十字，还有石条套方样式。月亮门（图42～图44）、空窗和花式砖墙增强了观内视觉上的层次空间感，形成了不同的

视觉空间，妙趣横生，体现了中国传统艺术中虚实结合的特色。

站在三清殿院落的西侧，便可下望虎溪桥，以及更远的泉水湖。这时，进山时的层层空间依次清晰地陈列在眼前。空间由大到小有三个层次，泉水池面由大到小也是三个层次，层层递进、起伏，构成了这一令人心旷神怡的寺庙全貌。

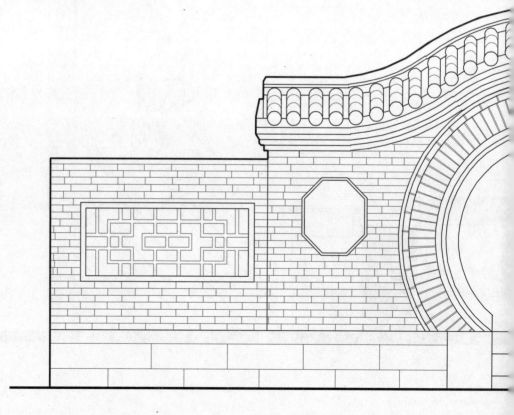

图 42　响水观月亮门之一

图 43　响水观月亮门之二

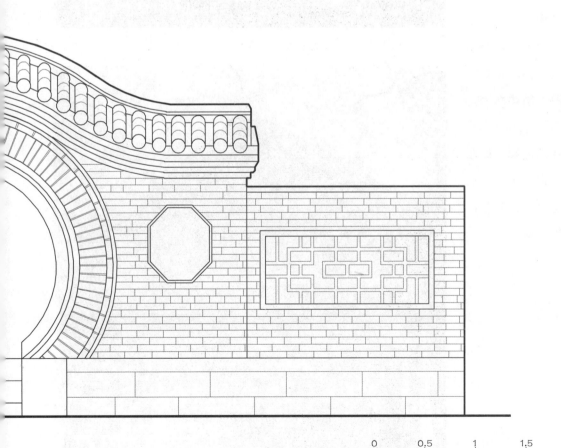

0　　　0.5　　　1　　　1.5　　　2　　　2.5 米

图 44　响水观后土殿南侧月亮门之三，连接殿前广场瑶琴洞

平民百姓的寺庙

正殿依山而建，只有正立面与山墙外露，像是从山石中长出的一般。主殿建筑呈清晚期建筑形态，面阔十一二米，进深七八米，高八九米。辽南的寺庙建筑规模相对比较小，规格也比较低，更贴近平民百姓的生活。

后土殿为砖木结构，清水灰砖硬山墙，木屋架，使用由传统工艺烧制的筒瓦。正脊上有双龙戏珠浮雕，结构严密，外观朴实（图45～图47）。

山墙为房屋的侧墙，做法多样。由于后土殿为硬山式屋顶，故其山墙呈"人"字形，看起来十分朴素厚重。

图45 响水观后土殿硬山式屋顶

图46 响水观后土殿山墙清水夹砖硬山墙

图 47 响水观后土殿屋脊大样测绘图

后土殿屋檐出挑部分可见一红色木板，叫作望板，其作用是承托屋面的苫背和瓦件。望板下排列的短条木被称为椽子，椽子随着屋面的坡度铺设，其作用亦是承托屋面瓦作（图48）。从后土殿的正立面，可看到下部椽头绘有黄底绿字"卍"字符，上椽头则绘有滴水宝珠。"卍"字符为佛家的标志，三教合流后，广泛应用于各种宗教建筑中。滴水宝珠又称龙眼宝珠，蓝、绿、白、红各色圈层层相套，以圆顶为公切点。望板和椽子以及彩绘为单调平淡的檐下增加了立体感和视觉美感。

图 48 响水观后土殿外檐望板、椽子

瓦当是屋面瓦垄下端的特殊瓦片，兼有装饰和护椽功能。滴水，顾名思义，其主要作用就是使屋面上的水从此处流下，同样是为了保护椽子。瓦当和滴水（图49～图51）虽小，但不同的图案、花纹、形状、材质都有着不同的文化内涵，是社会历史文化的浓缩和沉淀。

后土殿的瓦当上刻有常见的人面纹，滴水上为蝴蝶纹或金钱纹。虽然瓦当、滴水做工不甚精致，却反而凸显了民间建筑简洁古朴之美。

图 49 响水观后土殿瓦当、滴水　　　　　　图 50 响水观月亮门瓦当、滴水

图 51 响水观瓦当滴水测绘图

屋脊正吻（图52）为盘龙形，是典型的清代辽南做法，每条垂脊上各排列四个蹲兽和一个垂兽。蹲兽多为古代的祥瑞之兽，比如貔貅、狮子、海马、獬豸，排在最前面的是"仙人骑凤"（图53～图59）。建筑学家梁思成对此评价说："使本来极无趣笨拙的实际部分，成为整个建筑物美丽的冠冕。"

图 52 响水观屋脊盘龙形正吻

图 53 响水观屋檐脊兽仙人骑凤测绘图

图 54 响水观屋檐脊兽貔貅测绘图

图 55 响水观屋檐脊兽狮子测绘图

图 56 响水观屋檐脊兽凤测绘图

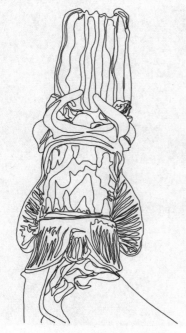

图 57 响水观三清殿屋檐脊兽测绘图

图 58 响水观后土殿屋檐吻兽测绘图

图 59 响水观三清殿屋檐吻兽测绘图

前后两屋面相交而成的屋脊，叫作正脊。后土殿正脊上的
装饰为双龙戏珠，形象栩栩如生（图60、图61）。

图 60 响水观后土殿正脊装饰测绘图

图 61 响水观后土殿瓦作装饰之双龙戏珠

具有较好抗震性能的抬梁式结构

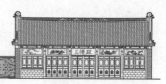

响水观各殿均采用抬梁式结构。抬梁式，又称叠梁式，是中国古代建筑木构架的主要形式。这种结构的特点是在垂直方向上，重叠数层瓜柱与梁，梁头与瓜柱上安置檩，檩间架椽子，构成屋顶的骨架，形成下大上小的结构形式。实践证明，这种结构形式具有较好的抗震性能。抬梁式结构复杂坚固，室内柱子较少甚至无柱，从而使室内空间宽阔，做出美观的造型、宏伟的气势（图62）。

枋是两柱之间起联系与承重作用的水平构件，断面一般为矩形。后土殿的额枋上绘有各种花卉以及山水图案，色调以蓝、绿为主，风格朴素恬淡（图63～图73）。

图62 响水观后土殿大木作梁架

图63 响水观后土殿额枋彩绘测绘图

图 64　响水观后土殿额枋上彩绘之一

图 65　响水观后土殿额枋上彩绘之二

图 66　响水观后土殿额枋上彩绘之三

图 67　响水观后土殿额枋上彩绘之四

图 68　响水观后土殿额枋上彩绘之五

图 69　响水观后土殿额枋上彩绘之六

图 70 响水观后土殿额枋、雀替彩色渲染图

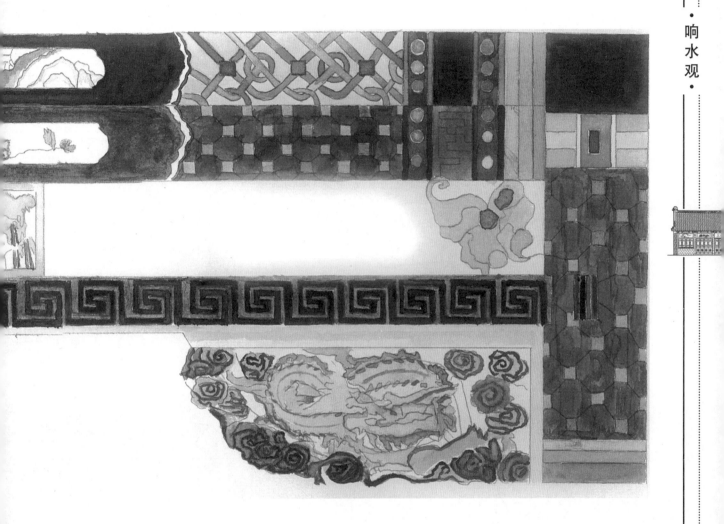

图 71 响水观后土殿额枋、雀替测绘图之二

图 72 响水观后土殿额枋、雀替测绘图之三

图 73 响水观后土殿额枋、雀替测绘图

梁柱间的雀替（图74）
是整个大殿最为精致的构件
之一。雀替是安置于梁或额
枋与柱交接处承托梁枋的木
构件，用以减少梁枋跨距，
增加抗剪能力，形式做法多
样。响水寺中只有后土殿上
有雀替，金色龙凤舞祥云镂
雕，雕工精细，造型生动。

图 74 响水观后土殿雀替

垂带式石阶

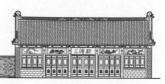

响水观中山门和后土殿前筑有垂带式石阶。"垂带"就是台阶踏跺两侧随着阶梯坡度倾斜而下的部分，多由一块规整的、表面平滑的长条石板砌成，所以叫"垂带石"。山门前出垂带式石阶七级（图75、图76）。后土殿建于青石平台之上，明间前出垂带式石阶六级。

图 75 响水观山门垂带式石阶

图 76 响水观山门垂带式石阶细部

柱础（图 77）是支撑木柱的基石，又称柱顶石，可承传上部荷载，并避免木柱柱脚受潮受损。响水观各殿的柱础皆为素覆钵式，简洁素雅。

图 77 响水观后土殿素覆钵式柱础

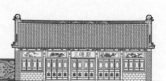

十字套方样式隔扇门

隔扇门（图78）是安装于建筑的金柱或檐柱之间带格心的门，可根据开间或进深的大小需要由四扇、六扇、八扇组成，门板上有丰富精美的雕刻。隔扇门上汇聚了精彩的木雕，亦有小木条拼成的花纹窗棂。

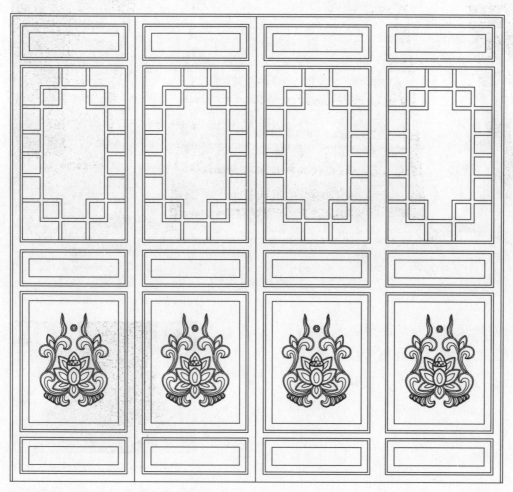

图 78 响水观三清殿十字套方门测绘图

响水观中后土殿次间和稍间做有五扇隔扇窗，明间做四扇隔扇门，棂花为十字套方样式（图79、图80），绦环板、裙板、抹头上皆施以金漆彩绘吉祥图案。镂空花窗既是精美的装饰，又方便采光，是中国古建筑的精华和灵魂所在。

图 79 响水观后土殿十字套方门测绘图

图 80 响水观后土殿十字套方门

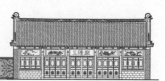

青、绿为主的清式彩画

彩画是我国古建筑中极富特色的装饰，它是古代匠人们用色彩、油漆在建筑物的梁、柱、枋、斗拱、天花等各处绘制或刷饰成的动物图案、花纹或者山水画等。这些绘制出来的图案或者纹饰就叫作彩画。我们今天所见的彩画基本都是清式彩画。清式彩画主要可以分为三大类，分别为和玺彩画、旋子彩画和苏式彩画。每种彩画都主要由箍头、藻头和枋心三部分组成。

响水观后土殿（图81、图82）的柱、梁枋、雀替、斗拱上均绘有青、绿为主的清式彩画。正殿明间额枋上的彩画，枋心绘有山水画或花卉图案，画风素雅；梁枋上绘有云雷纹或"卍"字纹。响水观中的彩画在灰瓦灰墙的整体建筑风格衬托下显得格外明媚耀眼。这些彩绘色彩斑斓，线条流畅，形态逼真，林林总总，在整体结构中起到了画龙点睛的作用，进而使古建筑有一种典雅辉煌的气势（图83～图89）。

图 81 响水观后土殿门匾实景照片

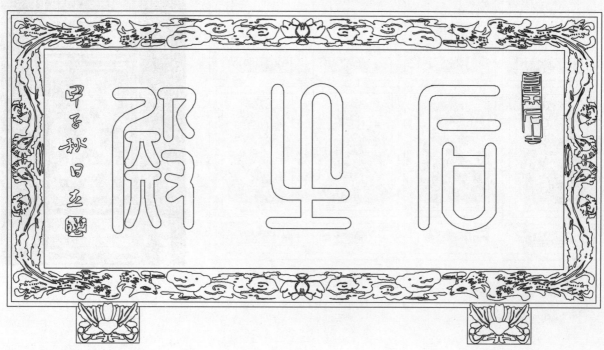

图 82 响水观后土殿门匾测绘图

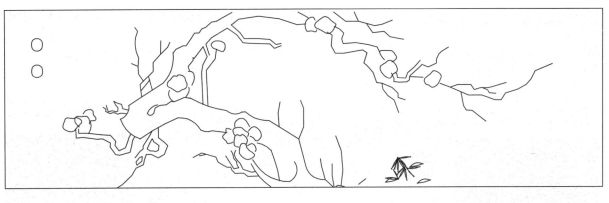

图 83 响水观三清殿额枋彩绘测绘图之一

图 84 响水观三清殿额枋彩绘测绘图之二

图 85 响水观三清殿额枋彩绘测绘图之三

图 86 响水观三清殿额枋彩绘测绘图之四

图 87　响水观后土殿梁下雕刻——鹿

图 88　响水观后土殿梁下雕刻——鱼

图 89　响水观后土殿梁下雕刻——鹤

响水观的内檐彩绘不全是
辽南地区包袱式的彩绘，梁枋
上的彩饰大多分布在中心和两
头，中心部分称枋心，枋心的
两头有折线的、如意纹的、回
纹的彩绘，形式多样。梁下的
雕刻也各式各样，有两只小鹿
互相嬉戏，有两只鱼游来游去，
还有两只鹤在竹林中。此外，
还有一些形态丰富生动的壁画
（图90）。

图90 响水观后土殿壁画测绘图

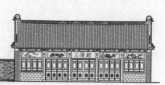

精致的细部构件

响水观的石狮子生动威严（图91～图93），石碑典雅庄重（图94），香炉（图95、图96）形态多样，精致沉稳。院内第一进院落正中有一双耳铜皮铸成的香炉，炉身呈长方形四足鼎状，正中刻有"响水观"三字，炉的上沿和双耳上刻有云雷纹，炉身刻有祥云和莲花图案。整个香炉器形厚重大方，雕刻精致。后土殿的主殿及月亮门全貌见图97。

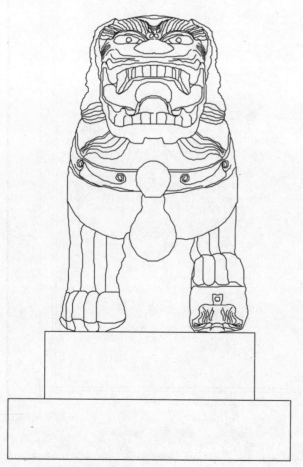

图91 响水观石狮正立面测绘图

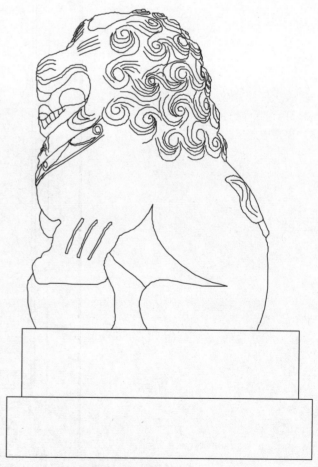

图92 响水观石狮侧立面测绘图

图 93 响水观石狮

图 94 响水观石碑

图 95 响水观香炉之一

图 96 响水观香炉之二

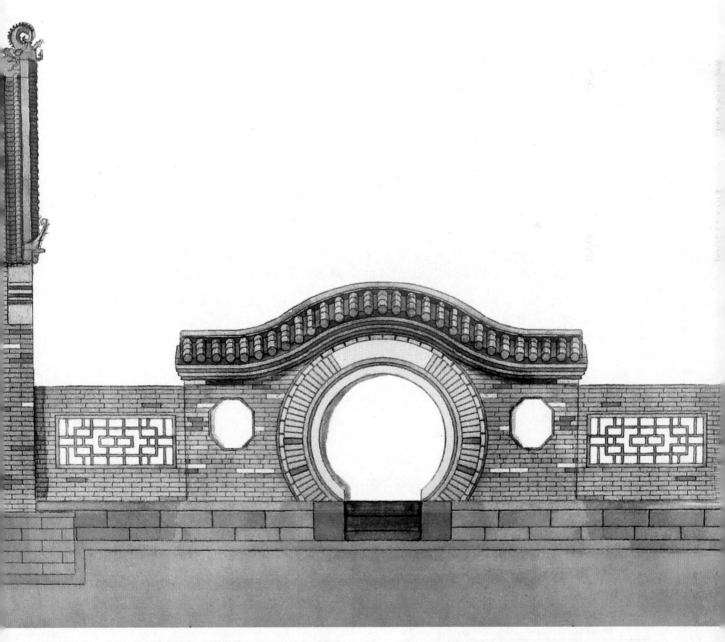

图 97 响水观后土殿与月亮门水彩渲染图

中国古建筑的技术文化

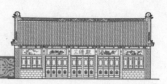

　　悠久的文化激发游人学子的创作之情（图98～图100），特定的技术会产生特定的文化。中国古代建筑的文化除了生活方式、家庭结构以及社会的变迁等因素外，传统的制造技术以及因制造技术而产生的文化特征也是其中非常重要的一环。

　　技术与文化的形成有着密不可分的关系。不同的时代、不同的技术，可产生风格迥异的产品。从技术的角度划分，世界上的建筑文化可分为三个阶段：第一阶段为传统技术阶段，主要指工业革命以前的历史阶段；第二阶段为现代技术阶段，主要指工业革命以来至20世纪末，在全球掀起的现代主义浪潮；第三阶段是从20世纪末开始，出现的一些不同于现代主义浪潮的发展趋势。第一阶段，在发达的社会里基本上都已经结束，而在发展中国家、欠发达地区还局部存在着。第二阶段，在发达国家已进入暮年，在发展中国家如中国，正处于方兴未艾阶段。而第三阶段，还未形成系统。所以，即便在发达国家，也并没有真正地形成超越现代主义的流派。因为从建造技术的角度来看，现在的建造技术与几十年前的技术相比，虽然在各方面都有不同的进步，但并未真正形成全新的体系（见表1）。

表1 技术文化视角下的建筑分类

建筑材料	技术性质	文化性质	时间
原始材料	原始低技术	质朴文化	工业革命以前，在中国为20世纪初以前
现代工业化材料	中、高科技	现代主义	工业革命至20世纪末
研发中的新概念建筑材料	未来技术	超现实的	20世纪末至未来

图 98　响水观山门东立面透视

图 99　响水观山门细节

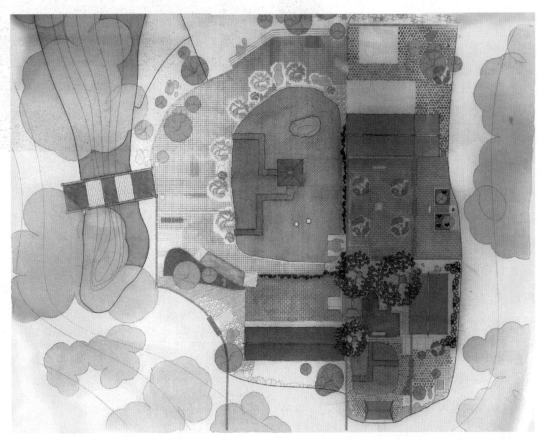

图 100　响水观总平面渲染图

回过头来看，现代建造技术与传统的手工建造存在着天壤之别。而中国传统建筑的可持续发展陷入困境的根本原因恰恰在于建造方式发生了根本改变。对比传统建造技术与现代建造技术，主要区别集中在以下几个方面：建筑材料、建造的工具、建造方式与技巧、建造规模与样式。

图 101 传统的手工建造现场一

传统建筑与现代建筑看起来之所以有明显的区别，首先表现在建筑材料上。传统建筑的建筑材料多为原始材料，即使用由人工合成的材料如烧制的砖、瓦等，也大多保留了强烈的原始痕迹，有一种质朴性。而现代建筑材料如深加工的墙砖、金属、玻璃、钢筋混凝土等，原始形态几乎消失殆尽，人工味极浓。就拿石材来说，古建筑中的石材，处于初加工状态，即使精细加工，由于是纯手工操作（图 101、图 102），所以保留了手工制作的质朴性，极少出现打磨如镜面的效果；而现代工业化体系加工下的石材，笔直的线条、镜面的打磨效果是传统手工无法企及的。反过来，现代工业文明下的建筑石材，想要手工的那种质朴性，也是不可能的。从这个意义上来讲，现代工业文明不见得比传统手工更美观。相比之

图 102 传统的手工建造现场二

下，现代工业虽然高效，但却失掉了传统手工业中质朴的优良传统。

传统材料（图103～图105）由于缺乏更为先进的科学技术，所以在操作过程中，更加考验建筑者的智慧。原始建筑材料最主要的就是石材与木材，尤其是木材，在传统建筑里占据了重要的角色。可以说，中国传统建筑文化，很大一部分就是木构文化。从尺寸标准，到截面比例，都是对木材深度利用的结果。这种对木材的深度利用，不仅解决了营造中具体的问题，而且最终形成了特定的风格，成为传统建筑文化中的精髓。

在建造方式与技巧方面最典型的例子莫过于斗拱，以及拱的建造技巧。为了给予一定的跨度，建造者必须想方设法利用手中最普通的建筑材料，达到他们的目的。而现代工业体系的建造者，利用他们的发明创造，比如钢筋混凝土，就再也不用如此费尽脑筋了。在以前看来难以克服的问题，现在都极其简单。从这个角度来看，现代设计师的思维广度已经远远不如先前的工匠了，因为现代设计师在这个层面上已无难题面对。

可以想象一下，古时候的一位工匠在面对一堆木料的时候，由于没有钉子、胶等更多的连接材料，不得不去深度挖掘木料之间的连接方式。榫卯结构也许就是这样被发明出来的，而石拱、砖拱也是这样，都是深度开发原始材料可以达到的极限的工程做法。这些做法不仅解决了工程中遇到的问题，而且体现出了人类的智慧，使工程本身展现出一种智慧美。所以，类似的建筑看起来更像人类的智慧体操。正是这种充分挖掘原始的、简单的材料的潜力，才使传统的建筑拥有如此的魅力。

传统公共性建筑的建造，如寺庙的选址、

图103 手工制作的建筑材料——瓦片

图104 手工制作的建筑材料——石材

图105 手工制作的建筑材料——木材

四合院民居的内院布局、吊脚楼的架空处理，以及窑洞的覆土思维，都运用了简单的建筑技巧，但却达到了较好的环境适应性，同时也造就了别具一格的建筑文化。最终，特别的技术特征效果逐渐演化为一种文化上的特别符号，形成了传统建筑的特色。这种在传统建筑中体现的因技术而文化的例子还有很多，比如说，为防火而设置的马头墙，最终也成为传统建筑的一种典型的形态符号；为了防腐而在木结构上进行的彩绘也成了传统建筑的特征之一；像雀替等结构构件最终演化为形态符号的例子也有很多。

总的来说，以现代的视角来看，传统建筑的建造技术属于低技术的一类。但是低技术的营造方式为了解决所面临的问题往往费尽心思，因而也形成了特定的低技术文化。这种低技术文化有以下几个明显的特征：形态与建造过程的复杂性、简单性原理、质朴性的哲学思维、地域性。这几个形态上的特征就是技术文化特征在建筑上的体现。

形态与建造过程的复杂性

复杂性体现在两个层面。从全国范围内看，传统建筑表现出多样化的形态，因为所面临的问题不一样，用低技术去解决这些问题就必然会形成丰富多彩的解决思路，从而造成形态的复杂多变。以调节温度为例，从南到北，从东到西，会有不同的方式来解决这一问题，因此也形成了民居不同的特色；而相比于现代的高科技方式，比如空调，全球适用，但对于建筑形态的自然生长、发展则无疑是严重的障碍，因为在高科技模式下，调节室内温度已经与建筑形态没有关系了。低技术文化的复杂性还表现在具体的层面上，以榫卯结构为例，由于要应对各种不同的组合方式，榫卯的形式就有各种各样的变化。因为要靠形式之间的咬合关系连接不同的构件，其连接形式就必然做不到简单化。

简单性原理

相对以上所述的复杂性，传统建筑又在某一些方面显示出惊人的简单性。还以榫卯结构为例，虽然其形式多种多样，但是原理却出奇的简单，就是通过形式的咬合关系，使组合运动方向与受力方向垂直，从而达到理想连接不同构件的目的。就建筑形态来说，不论是西北部的窑洞，还是南方的干阑式，在应对自然条件时，建筑形态的选择，往往是一种简单的解决方式。其实，人类在与自然界的抗争中，采取简单的方式是一种生存的本能。而简单的思维，不仅可以节约大量的成本，往往还是最好用的方法。

质朴性的哲学思维

当我们审视传统建筑的哲学基础与当今的建筑思维时，不难发现，传统建筑所采取的技术均是一种适应性技术，而现代建筑技术则注重改变性技术，这两种技术路线的深层基础是两种不同的哲学观。传统建筑不论在宏观选址还是单体营造方面都充分挖掘环境，对材料进行有利利用，做到物尽其用，对于环境的态度是承认环境的先天性，不会贸然试图改变其先天属性，于是后天的作用，各种营造活动都是在这个前提下开展的，是一种顺应下的发展，是一种弱人文化。而起源于西方的现代建筑技术观根本上是强调与自然对抗下的一种发展观，强调人的力量，并在很多方面都试图去改变先天的环境条件。

地域性

低技术所呈现的地域性一般都比较强。由于各地的地理气候条件不尽相同，各种适应性技术的针对性都很强，所以，不同地区的传统营造技术都有明显的地域性特征，如窑洞、吊脚楼、碉楼等，均有就地取材、适应当地地理条件与气候条件的做法。

相反，在现代建筑与城市的建造技术上，上述特征几乎都不存在了。现代建造技术强调技术革新、材料革新，所以适应这种高技术的建造原则也起了变化。建造中的难点、热点也从传统的建造领域中转移出来，不再关注原始技术下的细节。现代建造技术关注的是规模、建造速度等，忽视了对于建造的精巧性与地域性等传统内容的关注。现代建筑材料大多数是合成的人工材料或者是钢材这样需要复杂工艺才能获取的材料。人们的兴趣是如何创造出更复杂的材料与技术来解决历年来人类面临的最基本的问题。这种高技术文化是以炫耀科技含量为目的、以消耗能源为代价的。这种高技术建造文化的特点是：强调突破自然的限制，是一种强人哲学。形态具有简单性，建造原理具有复杂性。还有一个特征就是通用性，突破了地理环境、气候条件的限制。

由于各种技术的发明，建筑本身反而变得简单了。比如说，由于有了空调这样的技术发明，所以不用考虑用建筑的方法进行温度的控制；而且这种技术具有通用性，什么地方都可以用。钢筋混凝土结构技术也具有非常好的通用性，只要人们愿意，几乎可以在任何地方使用。所以人们也用不着费心去考虑结构的问题。建筑所遇到的排水、防火、防潮、抗震等问题几乎都可以用建筑之外的技术来解决，而建筑在这种技术泛滥的情形下开始变得苍白。

所以，我们可以这样理解：传统建筑是一种适应性设计，适应性文化，而现代建筑是一种创造性设计，是一种创造性文化。因适应技术而产生的适应性文化具有尊重自然的特点，因技术创新而产生的创造性文化强调人的力量，把握不好则会对自然环境产生极大的负面影响。

按照上面所论述的技术文化的观点，回过头来再看以响水观等为代表的大连古建筑，我们解读传统建筑文化便又多了一个视角。在这个视角下，我们能够真真切切地感受到传统建筑文化内在的精神。传统建筑文化的精髓不仅在于外在的形态，更在于传统文化基于时代的局限性而达到的高度。这种高度在当代科学技术高度发展的条件下，不仅没有变得更高，反而与我们渐行渐远，成为现今时代不可企及的一种历史高度。当人们面对这种由不同的思路发展成的不同建筑观、不同建筑文化时，真是很难理清哪一种才更加符合我们的天性。但有一点是可以肯定的，那就是，传统建筑文化并不是建筑发展道路上的一个中间环节，而是一个充满魅力的不同的方向，是人类建筑发展史上的一座高峰，并且无法超越。

这，可能就是传统建筑文化的价值与魅力所在。于是，走在响水观的一砖一瓦之间，我们能够听得懂那叮咚的泉水，也听得懂石头与木头之间的对话，所有这些，都是祖先留给我们的这些建筑文化瑰宝低声向我们诉说的……

而今天，我们可以自豪地说，这一切，我们都听得懂。

图 106 为响水观一角。

图 106 响水观一角

参考文献

[1]　大连百科全书编纂委员会．大连百科全书［M］．北京：中国大百科全书出版社，1999．

[2]　李允鉌．华夏意匠［M］．天津：天津大学出版社，2005．

[3]　赵广超．不只中国木建筑［M］．北京：生活·读书·新知三联书店，2006．

[4]　大连通史编纂委员会．大连通史——古代卷［M］．北京：人民出版社，2007．

[5]　陆元鼎．中国民居研究五十年［J］．建筑学报，2007（11）．

[6]　中国民族建筑研究会．中国民族建筑研究［M］．北京：中国建筑工业出版社，2008．

[7]　孙激扬，杲树．普兰店史话［M］．大连：大连海事大学出版社，2008．

[8]　李振远．大连文化解读［M］．大连：大连出版社，2009．

[9]　大连市文化广播影视局．大连文物要览［M］．大连：大连出版社，2009．

历史照片

　　取自《大连老建筑——凝固的记忆》

CAD 测绘

　　大连理工大学建筑系 06 级队

　　大连理工大学建筑系 07 级队

　　大连理工大学建筑系 09 级队

　　大连理工大学建筑系 10 级队

　　大连理工大学建筑系 11 级队

　　大连理工大学建筑系 12 级队

　　大连理工大学建筑系 13 级队

影像资料采集

　　大连风云建筑设计有限公司
　　大连兰亭聚文化传媒有限公司

后 记

在大家的共同的努力下，在众多有识之士的帮助与支持下，这套介绍大连古建筑的丛书终于出版了，需要感谢的人太多了！

我们要感谢齐康院士对本丛书提出的宝贵意见，并为本丛书欣然命笔写了序。我们要感谢普兰店市文体局张福君局长，连续几年的调研、测绘工作是在张局长帮助与支持下完成的。我们要感谢大连理工大学建筑与艺术学院建筑系06～13级的同学们，每当夏天就是我们共同在测绘现场的日子。我们要感谢兰亭聚文化传媒有限公司的陈煜董事长及其团队，他们无冬历夏反复的、精益求精的拍摄让我们感受到了专业团队的敬业精神。正是有这么多人，他们怀着对古建筑和传统文化探索的热情，有的默默工作，有的奔走呼号。他们的言行鞭策着我们，他们的言行更是我们的动力。

在大连这座曾经的殖民地城市做中国古建筑调研工作的选题其实是要点勇气的。其次，对这样一批分布较散的建筑进行调研、测绘等工作，其工作量之大我们也是预先估计不足的，有一些工作现场先后去了不下五六次。再者，参与策划、调研、咨询、测绘和摄影摄像等工作的人员众多，工作周期很长，需要克服的如时间、经费及工作环境与条件等因素也较多。个中的艰辛和劳心劳力就不必细说了，任务完成之余大家感慨万千，商量许久，共同留下了一些感想：

通过参与这几年对大连的这批古建筑的调研工作，具体的感触是让我们觉得古建筑的保护仍然是个十分严峻的课题。这10余处古建筑大多为省保单位，只有一两处为市保单位，甚至还有一处为国保单位。它们无论从保护的制度到措施一应俱全，因此还算基本保存完好，但也存在一些问题。然而调研的有些古建筑也是保护单位，并且本身也具备一些历史价值，但从保护的角度看却显得不如人意，故无法将其收录。有些古建筑已经无法无破坏性修缮，有的古建筑的原状已经被歪曲篡改，其艺术价值和工艺价值都大大降低。有些古建筑单位在修缮中任意扩大规模，甚至过度开发旅游，加建太多破坏了环境。有些在修缮中夸大古建筑原有的等级，建筑装饰与彩绘失去规制，建筑风格南辕北辙。我们调研的大多数修缮过的古建筑，基本上不采用传统工艺。只有真正达到保存原来的传统工艺技术，还需要保存其形制、结构与材料，才能达到保存古建筑的原状。修缮文物古建筑的基本原则是要用原有的技术、原有的工艺、原有的材料，这也是搞好文物古建筑修缮的根本保证。《中国文物古迹保护准则》第二十二条也规定："按照保护要求使用保护技术。独特的传统工艺技术必须保留。所有的新材料和新工艺都必须经过前期试验和研究，证明是有效的，对文物古迹是无害的，才可以使用。"在传统工艺方面我们做得太不够了。

我们还体会到，决不能抛弃民族传统，割断历史，因为中国古建筑与传统城市的艺术、功能和形式是经过了几千年的历史发展逐步形成的。对我国独特的传统文化的追求和继承，不应仅仅停留在形式剪辑的层面上，而应追求内涵和精神方面更深层面的表现，将现代要求、现代方法与传统的文化形态很好地结合起来，做到灵活运用，并抓住中国传统城市与古建筑文化的本质内涵。

并且我们理应肩负起中国传统建筑文化的现代化使命，去面对当今建筑文化全球化趋势的挑战。这就要求我们认识中国传统建筑文化的本质内涵，从哲学的深度来研究传统文化的起源、变化和发展，要求我们对传统文化的精髓有比较深刻的理解，认真从传统城市与古建筑的演变过程中，探索出继承、创新及发展的新思路。

胡文荟

2015 年 4 月